V

©

# MÉMOIRE

## SUR DIVERS PROBLÈMES

## DE PROBABILITÉ.

# MÉMOIRE
# SUR DIVERS PROBLÈMES DE PROBABILITÉ.



PAR M. PLANA.

Lu à l'Académie Impériale des Sciences, Littérature et Beaux-Arts dans la Séance du 30 Novembre 1812.

Je donne dans ce Mémoire la solution de plusieurs questions concernant la probabilité qu'il y a d'amener une somme donnée, lorsque l'on jette au hasard un nombre quelconque de polyèdres dont les faces sont marquées par des nombres positifs et négatifs. L'on sait que la théorie des combinaisons offre une solution directe des problèmes de cette espèce, en les réduisant à la recherche d'un certain terme résultant du développement d'un polynome élevé à une puissance. Cette recherche devient d'autant plus pénible que le nombre des dés que l'on considère est plus grand, de sorte que si ce nombre dépasse certaines limites, la réduction des formules en nombres exigerait des calculs d'une longueur excessive. C'est donc principalement dans les cas où le nombre des polyèdres est très-grand qu'il est important de donner des formules susceptibles d'une application facile. La méthode la plus générale pour remplir cet objet est sans doute celle que M.r Laplace a donnée dans les Mémoires de l'Académie de Paris (année 1782) : Elle ramène la question à la recherche d'une intégrale définie que l'on tache ensuite d'évaluer par une série convergente, en profitant de la circonstance des grands nombres qu'elle renferme.

En s'arrêtant au premier énoncé des problèmes dont il est question dans ce Mémoire, l'on pourrait croire qu'ils sont plus curieux qu'utiles ; mais en examinant la chose de plus près, l'on ne tarde pas à reconnaître que mon principal objet est celui de démontrer d'une manière à la fois simple et rigoureuse les principes relatifs au milieu que l'on doit choisir entre les résultats de plusieurs observations, et c'est sans doute sous ce rapport qu'ils doivent exciter l'attention de l'Astronome et du Physicien. Lorsque l'on veut soumettre cette théorie à l'analyse des hasards, il est d'abord nécessaire, pour mieux fixer les idées, de lui ôter ce qu'elle paraît avoir de vague, et c'est pour cette raison qu'il m'a paru plus simple de la présenter sous forme de problèmes concernant les polyèdres. L'esprit se trouve par là habitué à raisonner sur des objets simples et clairs, qu'il saisit avec plus de promptitude et plus de netteté, et passe ensuite sans efforts aux conséquences d'une plus grande utilité.

L'on trouve dans les derniers Mémoires publiés par M.[r] Laplace, des recherches très-savantes sur cette matière ; mon but sera rempli si l'Académie vient à reconnaître que j'aie donné quelque développement aux idées de ce grand homme.

# ANALYSE DES PROBLÈMES.

Imaginons un dé composé d'un nombre pair de faces, exprimé par $2n$. Supposons les $n$ premières faces respectivement marquées par la suite des nombres $1, 2, 3, \ldots n$; et les $n$ faces restantes marquées avec les mêmes nombres pris négativement, c'est-à-dire, par la suite $-1, -2, -3, \ldots -n$. L'on demande la probabilité qu'il y a d'amener une somme égale à zéro, en jétant au hasard un nombre P de polyèdres semblables.

Il est aisé de voir, par la théorie des combinaisons, que la probabilité cherchée se trouve en élevant à la puissance P le polynome

$$x^{-n}+x^{-(n-1)}\ldots+x^{-2}+x^{-1}+x^{1}+x^{2}\ldots+x^{n-1}+x^{n}=X;$$

et en prenant dans le développement le terme indépendant de $x$. L'on pourrait déterminer ce coëfficient par la méthode que Lagrange a donnée à la page 206 du Tome V des Mémoires de l'Académie de Turin; mais la formule que l'on trouverait en opérant ainsi serait tellement compliquée pour une valeur considérable de P qu'il serait presqu'impossible de pouvoir la réduire en nombres. Et pour s'en convaincre il suffit de remarquer que dans le cas très-simple où $n=1$ et

$P=2q$, l'on a pour valeur du coëfficient cherché

$$\frac{(q+1)(q+2)(q+3)\ldots\ldots 2q}{1.\quad 2.\quad 3.\ldots\ldots q};$$

formule dont la réduction en nombres est très-pénible, lorsque $q$ a une valeur considérable. L'on sait que STIRLING a franchi le premier cette difficulté en réduisant cette formule dans une série descendante par rapport à $q$, de manière que l'on a, en nommant $\pi$ la demi-circonférence dont le rayon est l'unité,

$$\frac{(q+1)(q+2)(q+3)\ldots 2q}{1.\quad 2.\quad 3.\ldots\ldots q}=\frac{2^{2q}}{\sqrt{q\pi}}\left(1-\frac{1}{8q}+\frac{1}{128.q^2}-\text{etc.}\right)$$

avec d'autant plus d'exactitude que $q$ est un plus grand nombre.

2. En suivant l'exemple de STIRLING nous allons tâcher de réduire dans une série descendante, par rapport à P, le terme indépendant de $x$ du polynome $X^P$. Pour ces sortes de réduction, LAPLACE a donné un principe général dans les Mémoires de l'Académie de Paris. D'après ce principe, il faut commencer par exprimer la fonction qu'il s'agit d'évaluer par une intégrale définie, et ensuite il faut développer cette intégrale dans une série convergente.

Pour bien saisir la force de ce principe il est nécessaire de l'appliquer à plusieurs exemples

Pour trouver dans notre cas l'intégrale définie qui est égale à la quantité cherchée, remarquons d'abord que puisque celle-ci est indépendante de la valeur de

$x$, rien n'empêche de poser $x = e^{\varpi\sqrt{-1}}$ et de considérer le polynome,

$$X^P = \left(2\cos.\varpi + 2\cos.2\varpi + 2\cos.3\varpi \ldots + 2\cos.n\varpi\right)^P \ldots\ldots (1)$$

Supposons pour un instant développé le second membre de cette équation ; il est aisé de comprendre que l'on aura une série de la forme

$$2.^P\left(A + A'\cos.\varpi + A''\cos.2\varpi + \text{etc.}\right):$$

Or en multipliant cette série par $d\varpi$, et intégrant depuis $\varpi = 0$ jusqu'à $\varpi = \pi$, il est clair que $2^P A\pi$ sera le résultat de l'intégration ; donc si l'on nomme Y le coëfficient indépendant de $\varpi$ de la formule (1), l'on aura

$$Y = \frac{2^P}{\pi}\int d\varpi \left(\cos.\varpi + \cos.2\varpi + \cos.3\varpi \ldots + \cos.n\varpi\right)^P \ldots\ldots (2)$$

les limites de l'intégrale étant $\varpi = 0$, $\varpi = 180°$.

3. Maintenant il faut nous occuper d'intégrer cette expression par une série descendante par rapport à P. Comme la plus grande valeur de la fonction

$$\cos.\varpi + \cos.2\varpi + \cos.3\varpi \ldots\ldots + \cos.n\varpi$$

correspond à $\varpi = 0$, auquel cas elle se réduit à $n$, nous poserons

$$\left(\cos.\varpi + \cos.2\varpi + \cos.3\varpi \ldots + \cos.n\varpi\right)^P = n^P.\, e^{-t^2} \ldots\ldots (3)$$

$e$ désignant la base des logarithmes hyperboliques. Nous aurons donc

$$Y = \frac{(2n)^{P}}{\pi} \int d\varpi . e^{-t^2}$$

où il faut considérer $\varpi$ comme une fonction de $t$ qui doit être donnée par l'équation (3). Pour trouver les limites de $t$, remarquons qu'en faisant $\varpi = 180°$, l'équation (3) donne

$$0 = n^{P} . e^{-t^2}$$

si $n$ est pair; et

$$(-1)^{P} = n^{P} . e^{-t^2}$$

lorsque $n$ est impair. Il suit de là que si $n$ est *pair* l'on satisfera à l'équation $0 = n^{P} . e^{-t^2}$ en prenant $t = \infty$, et cela sera vrai, soit en supposant P nombre pair, soit en supposant P nombre impair: Mais lorsque $n$ est *impair*, il est impossible de satisfaire à l'équation $(-1)^{P} = n^{P} . e^{-t^2}$ par des valeurs réelles de $t$ à moins que P ne soit un nombre pair: Dans cette hypothèse l'on a $\frac{1}{n^{P}} = e^{-t^2}$, et comme P est censé très-grand, et $n$ plus grand que l'unité, il est évident que l'on satisfera à cette équation en prenant encore $t = \infty$.

Les limites de l'intégration par rapport à $t$ sont donc $t = 0$, $t = \infty$. Si l'on fait $\frac{1}{P} = \alpha$, l'équation (3) donnera

$$\cos.\varpi + \cos.2\varpi + \cos.3\varpi . . . . . + \cos.n\varpi = n.e^{-\alpha t^2},$$

et en développant le premier membre suivant les puissances de $\varpi$ l'on aura

$$n - \frac{\varpi^2}{1.\ 2.} \cdot S' + \frac{\varpi^4}{1.2.3.4.} \cdot S'' - \frac{\varpi^6}{1.2.3.4.5.6.} \cdot S''' + \text{etc.} = n . e^{-\alpha t^2}$$

en posant

$$S' = 1^2 + 2^2 + 3^2 + 4^2 \ldots\ldots + n^2 ;$$

$$S'' = 1^4 + 2^4 + 3^4 + 4^4 \ldots\ldots + n^4 ;$$

$$S''' = 1^6 + 2^6 + 3^6 + 4^6 \ldots\ldots + n^6 ;$$

etc.

Pour donner à cette équation une forme plus simple, nous ferons

$$a = \frac{1}{1.\ 2.} \cdot \frac{S'}{n} ;\ b = \frac{1}{1.2.3.4} \cdot \frac{S''}{n} ;\ c = \frac{1}{1.2.3.4.5.6} \cdot \frac{S'''}{n} ; \text{etc.}$$

de sorte que l'on aura

$$\varpi^2 \left( a - b\varpi^2 + c\varpi^4 - \text{etc.} \right) = 1 - e^{-\alpha t^2}$$

d'où l'on tire

$$\varpi \sqrt{a} \left\{ 1 - \frac{b}{2a} \varpi^2 + \varpi^4 \left( \frac{c}{2a} - \frac{b^2}{8a^2} \right) + \text{etc.} \right\}$$

$$= t \sqrt{\alpha} \left( 1 - \frac{1}{4} + \frac{3}{96} \alpha^2 t^4 \text{ etc.} \right) . \alpha t^2$$

En appliquant à cette équation la formule de NEWTON pour le retour des suites l'on trouve.

$$\varpi = \sqrt{\frac{\alpha}{a}} . t \left( 1 - \alpha t^2 \left( \frac{1}{4} - \frac{b}{2a^2} \right) \right)$$

en négligeant les termes suivans. En tirant de cette équation la valeur de $d\varpi$ l'on en conclura

$$y = \frac{(2n)^{\mathrm{P}}}{\pi}\sqrt{\frac{\alpha}{a}}\int dt.e^{-t^2} + \frac{(2n)^{\mathrm{P}}}{\pi}\,\frac{3\alpha\sqrt{\alpha}}{\sqrt{a}}\left(\frac{1}{4} - \frac{b}{2a^2}\right)\int dt.t^2 e^{-t^2};$$

Or entre les limites prescrites l'on sait que

$$\int dt.e^{-t^2} = \frac{1}{2}\sqrt{\pi}; \quad \int t^2\,dt.e^{-t^2} = \frac{1}{4}\sqrt{\pi},$$

donc

$$y = (2n)^{\mathrm{P}}\sqrt{\frac{\alpha}{a\pi}}.\left\{\frac{1}{2} - \frac{3\alpha}{4}\left(\frac{1}{4} - \frac{b}{2a^2}\right)\right\}.$$

L'on aura les valeurs de $a$ et de $b$ à l'aide des formules connues

$$\mathrm{S}' = \frac{n(n+1)(2n+1)}{1.\,2.\,3};$$

$$\mathrm{S}'' = \frac{n(n+1)(2n+1)(3n^2+3n-1)}{2.\,3.\,5}.$$

et en les substituant dans celle de $y$ il viendra

$$y = \frac{(2u)^{\mathrm{P}}\sqrt{3}}{\sqrt{\pi}\mathrm{P}(n+1)(2n+1)}\left\{1 - \frac{3}{8\mathrm{P}}\cdot\frac{4n^2+9n+7}{5.(n+1)(2n+1)}\right\}.$$

Il ne faut pas oublier que cette formule est vraie pour toutes les valeurs entières et positives de $n$, lorsque P est un nombre pair; mais si P est impair, il est nécessaire que $n$ soit un nombre impair.

En retenant sèulement le premier terme de la formule précédente, ce qui suffit pour des valeurs très-grandes de P, la probabilité cherchée sera égale à

$$\frac{\sqrt{3}}{\sqrt{\pi}\mathrm{P}(n+1)(2n+1)}$$

Si l'on suppose le nombre $n$ considérable, cette formule se réduit à

$$\frac{1}{n}\cdot\sqrt{\frac{3}{2\pi P}}.$$

4. Il n'est pas plus difficile de résoudre le même problème dans le cas où chaque dé est composé d'un nombre impair de faces exprimé par $2n+1$, dont une soit marquée avec un zéro. En effet, soit $y$ le terme indépendant de $x$ résultant du développement du polynome

$$\left(x^{-n}+x^{-(n-1)}\ldots+x^{-2}+x^{-1}+1+x^{1}+x^{2}\ldots+x^{n-1}+x^{n}\right)^{P}$$

l'on aura ici, par ce qui a été dit précédemment,

$$y=\frac{1}{\pi}\int d\varpi\left(1+2\cos.\varpi+2\cos.2\varpi\;\ldots\;+2\cos n\varpi\right)^{P}$$

en intégrant depuis $\varpi=0$ jusqu'à $\varpi=180°$.

Maintenant si l'on pose

$$\left(1+2\cos\varpi+2\cos.2\varpi\;\ldots\;+2\cos.n\varpi\right)^{P}=(2n+1)^{P}.e^{-t^{2}}\;\ldots\;(4)$$

l'on aura

$$y=\frac{(2n+1)^{P}}{\pi}\int d\varpi.e^{-t^{2}}$$

les limites de $t$ étant, quelque soit $n$, $t=0$ et $t=\infty$.

En développant l'équation (4) comme nous avons fait dans le N.° précédent, l'on trouvera,

$$1-e^{-at^{2}}=\frac{\varpi^{2}}{1.2}\cdot\frac{2S'}{1+2n}-\frac{\varpi^{4}}{1.2.3.4}\cdot\frac{2S''}{1+2n}+\text{etc.}$$

et de là il est fort aisé d'en conclure, à l'aide des formules précédentes,

$$y = \frac{(1+2n)^P . \sqrt{3}}{\sqrt{2P\pi n(n+1)}}\left(1 - \frac{3}{8P} . \frac{(17.n^2+17n+1)}{20.n(n+1)}\right).$$

En conservant seulement le premier terme de cette formule l'on aura

$$\frac{\sqrt{3}}{\sqrt{2P\pi n(n+1)}}$$

pour la probabilité demandée: Et si $n$ est un nombre très-grand l'on aura

$$\frac{1}{n} . \sqrt{\frac{3}{2P\pi}}$$

comme dans le cas précédent.

5. L'on peut rendre l'énoncé du problème du N.° 1 plus général, en demandant la probabilité qu'il y a pour que la somme des nombres marqués sur la face de chaque dé soit égale à une quantité donnée $q$. Il est clair que ce problème se réduit à déterminer le coëfficient de $x^q$ qui se trouve dans le développement de la fonction $X^P$, ou ce qui revient au même, à déterminer le coëfficient de cos.$q\varpi$ de la fonction

$$\left(2\cos.\varpi + 2\cos.2\varpi \ldots\ldots + 2\cos.n\varpi\right)^P;$$

Mais cos.$q\varpi$=cos.$-q\varpi$; de plus il est évident que cos.$q\varpi$, et cos.$-q\varpi$ ont le même coëfficient; donc il faudra prendre seulement la moitié du coëfficient de cos.$q\varpi$

pour avoir exactement le coëfficient de $x^q$, ou ce qui est encore plus simple, il suffira de prendre le terme indépendant de $\varpi$ de la fonction

$$\cos.q\varpi\left(\cos.\varpi+2\cos.2\varpi\ldots+2\cos.n\varpi\right)^{\mathrm{P}}.$$

Il suit de là que si l'on nomme $y$ le coëfficient cherché, l'on aura

$$y=\frac{2^{\mathrm{P}}}{\pi}\int d\varpi.\cos.q\varpi\left(\cos.\varpi+\cos.2\varpi+\cos.3\varpi\ldots+\cos.n\varpi\right)^{\mathrm{P}}\ldots(5)$$

les limites de l'intégrale étant $\varpi=0$, $\varpi=180°$.

En substituant dans cette équation à la place de

$$\left(\cos.\varpi+\cos\varpi.2\ldots+\cos.n\varpi\right)^{\mathrm{P}}$$

sa valeur trouvée dans le N.° 3, l'on aura

$$y=\frac{(2n)^{\mathrm{P}}}{\pi}.\frac{1}{\sqrt{a\mathrm{P}}}\int dt.\cos.q\varpi.e^{-t^2}\left(1-\frac{3}{\mathrm{P}}\left(\frac{1}{4}-\frac{b}{2a^2}\right)t^2\right).$$

Or nous avons

$$q\varpi=\frac{q.t}{\sqrt{a\mathrm{P}}}-\frac{q}{\mathrm{P}}\,\frac{t^3}{\sqrt{a\mathrm{P}}}\left(\frac{1}{4}-\frac{b}{2a^2}\right)+\text{etc.}$$

donc toutes les fois que $q$ est très-petit par rapport à P, et que P est un nombre très-grand, l'on aura par une approximation suffisante $\varpi=\frac{qt}{\sqrt{a\mathrm{P}}}$, et

$$y=\frac{(2n)^{\mathrm{P}}}{\pi}.\frac{1}{\sqrt{a\mathrm{P}}}\int dt.\cos.\frac{qt}{\sqrt{a\mathrm{P}}}.e^{-t^2}$$

les limites de $t$ étant $t=0$, $t=\infty$. Mais entre les limites $x=0$, $x=\infty$ il est démontré (*Voyez Exercices de Calcul intégral de* Legendre *p.* 362), que

$$\int dx.e^{-x^2}\cos.ax = \frac{\sqrt{\pi}}{2}.e^{-\frac{a^2}{4}}$$

donc l'on aura

$$y = \frac{(2n)^P}{2\sqrt{\pi a P}}.e^{-\frac{q^2}{4aP}},$$

ou bien

$$y = \frac{(2n)^P.\sqrt{3}}{\sqrt{\pi P(n+1)(2n+2)}}.e^{\frac{-3q^2}{P(n+1)(2n+1)}}$$

en substituant pour $a$ sa valeur.

Cette formule nous fait voir que la probabilité d'amener la somme $q$ diminue à mesure que $q$ augmente. Au reste, si l'on suppose $q=0$, la valeur de $y$ s'accorde avec celle trouvée dans le N.° 3 pour le même cas.

Relativement au cas où $n$ est aussi un nombre très-grand la probabilité de la somme $q$ sera

$$\frac{1}{n}.\sqrt{\frac{3}{2\pi P}}.e^{-\frac{3q^2}{2n^2 P}}.$$

6. Nous avons supposé dans la solution du problème précédent $q < P$, mais rien n'empêche de supposer $q > P$. Pour trouver dans cette hypothèse un résultat convergent, il est nécessaire de varier le procédé d'intégration de manière à ce que l'on puisse éviter la réduction en série du facteur $\cos.q\varpi$.

En substituant dans la formule (5) à la place de

$$\left(\cos.\varpi+\cos.2\varpi \ldots +\cos.n\varpi\right)^{P} .$$

sa valeur

$$n^{P} . \left(1-a\varpi^{2}+b\varpi^{4} - \text{etc.}\right)^{P}$$

trouvée dans le N.° 3, nous aurons

$$y=\frac{(2n)^{P}}{\pi}\int d\varpi.\cos.q\varpi\left(1-a\varpi^{2}+b\varpi^{4}-\text{etc.}\right)^{P}.$$

Pour éviter l'élévation à la puissance P du polynome, remarquons que l'on a

$$\left(1-a\varpi^{2}+b\varpi^{4} - \text{etc.}\right)^{P} = e^{P\log.(1-a\varpi^{2}+b\varpi^{4}-\text{etc.})}$$

et en développant la fonction logarithmique

$$\left(1-a\varpi^{2}+b\varpi^{4} - \text{etc.}\right)^{P} = e^{-Pa\varpi^{2}} \; e^{P\varpi^{4}\left(\frac{2b-a^{2}}{2}\right)} \ldots\ldots$$

ou bien

$$\left(1-a\varpi^{2}+b\varpi^{4}-\text{etc.}\right)^{P} = e^{-aP\varpi^{2}}\left(1+P\left(\frac{2b-a^{2}}{2}\right)\varpi^{4}+\text{etc.}\right)$$

Il suit de là qu'en faisant $x=\varpi\sqrt{aP}$, l'on aura

$$y=\frac{(2n)^{P}}{\pi\sqrt{aP}}\int dx.\cos.\frac{qx}{\sqrt{aP}}.e^{-x^{2}}\left\{1+\left(\frac{2b-a^{2}}{2}\right)\frac{x^{4}}{a^{2}P}+\text{etc.}\right).$$

et puisque P est supposé très-grand, l'on pourra prendre $x = 0$, $x = \infty$ pour limites de l'intégrale, ce qui donnera *(Voyez Exercices de Calcul Intégral p.* 363*)*

$$y = \frac{(2n)^P}{2\sqrt{\pi a P}} \cdot e^{-\frac{q^2}{4aP}} \cdot \left\{ 1 + \frac{(2b - a^2)}{8Pa^2} \left( 3 - \frac{3q^2}{aP} + \frac{q^4}{4a^2 P^2} \right) \right\}$$

Si l'on conserve seulement le premier terme de cette formule l'on aura pour $y$ la même valeur que nous avons trouvé précédemment.

7. Un raisonnement analogue à celui que nous avons fait dans le N.° 7, prouve que l'on a

$$y = \frac{1}{\pi} \int d\varpi \cos. q\varpi \left( 1 + 2\cos.\varpi + 2\cos.2\varpi \ldots + 2\cos.n\varpi \right)$$

lorsque le dé est composé de $2n+1$ faces parmi lesquelles il y en a une marquée avec un zéro; les limites de l'intégrale étant toujours $\varpi = 0$, $\varpi = 180°$.

Par une analyse exactement conforme à celle du N.° précédent l'on trouve

$$y = \frac{(1+2n)^P}{2\sqrt{\pi P a'}} \cdot e^{-\frac{q^2}{4a'P}} \left\{ 1 + \frac{(2b' - a'^2)}{8Pa'^2} \left( 3 - \frac{3q^2}{a'P} + \frac{q^4}{4a'^2 P^2} \right) \right\}$$

$$a' = \frac{1}{1.2} \cdot \frac{2S'}{1+2n};\ b' = \frac{1}{1.2.3.4} \cdot \frac{2S''}{1+2n}.$$

Le premier terme de cette formule donne

$$\frac{\sqrt{3}}{\sqrt{2\pi P n(n+1)}} \cdot e^{-\frac{3q^2}{2Pn(n+1)}}$$

pour la probabilité demandée : Et si $n$ est un nombre très-grand, elle se réduit à

$$\frac{1}{n} \cdot \sqrt{\frac{3}{2\pi P}} \cdot e^{\frac{-3q^2}{2Pn^2}} \quad \ldots\ldots (A)$$

comme dans le cas du N.° 5.

8. Pour faire une application de cette formule, imaginons un centre d'attraction placé dans un point fixe qui agit sur un nombre P de corps dont chacun a reçu une impulsion. L'on sait que ces corps décriront des courbes planes différemment inclinées par rapport à un plan de position déterminée, et en supposant les impulsions données au hasard, toutes les inclinaisons seront également probables. Dans cette hypothèse il est curieux de chercher la probabilité qu'il y pour que la somme des inclinaisons des orbites soit renfermée entre les limites données $-\psi$ et $+\psi$.

Si l'on prend le supplément des inclinaisons qui sont plus grandes qu'un angle droit, toutes les orbites pourront être considérées comme renfermées entre deux plans qui se coupent à angle droit : Concevons maintenant cet angle droit partagé en deux parties égales, et fixons l'origine de la numération des angles au point qui correspond à $50^g$ ; par là une inclinaison de $57^g$, par exemple, deviendra de $7^g$, d'après cette manière de compter, et une inclinaison de $40^g$ sera exprimée par $-10^g$. D'où il suit que toutes les inclinaisons seront comprises entre $-50^g$ et $+50^g$. Or, si l'on suppose les $50^g$ positifs aussi bien que les $50^g$ négatifs partagés dans un nombre infiniment grand de parties égales exprimé par $n$, il est clair que la formule (A) du N.° précédent donnera la probabilité pour que la somme des inclinaisons soit $q$, puisque le problême dont nous parlons rentre dans celui d'un nombre P de dés ayant chacun $2n+1$ faces.

La probabilité pour que la somme des inclinaisons soit renfermée entre zéro et $+\Psi$ sera donc

$$\frac{1}{n} \cdot \sqrt{\frac{3}{2\pi P}} \, S \cdot e^{\frac{-3q^2}{2Pn^2}} .$$

Le signe S des intégrales finies s'étendant à toutes les valeurs de $q$ depuis $q=0$ jusqu'à $q=+\Psi$: Et comme cette somme reste la même pour les valeurs négatives de $q$ comprises entre zéro et $-\Psi$ l'on aura

$$\frac{2}{n} \sqrt{\frac{3}{2\pi P}} \cdot S e^{\frac{-3q^2}{2Pn^2}}$$

pour la probabilité que la somme des inclinaisons soit renfermée entre $-\Psi$ $+\Psi$. Soit $\frac{q}{n}=x$ et $\frac{\Psi}{n}=B$: Le changement des valeurs successives de $x$ étant la fraction infiniment petite $\frac{1}{n}$, l'on pourra supposer $\frac{1}{n}=dx$, et changer le signe S des intégrales finies en celui des intégrales infiniment petites, de sorte que l'on aura

$$\sqrt{\frac{6}{\pi P}} \cdot \int dx \cdot e^{\frac{-3x^2}{nP}} \quad \ldots\ldots (b)$$

pour la probabilité demandée, les limites de l'intégration par rapport à $x$ étant $x=0$ et $x=B$.

Appliquons cette formule aux Comètes. Le nombre de celles que l'on a observées jusqu'en 1807 inclusivement est de 97. La somme des inclinaisons de toutes ces orbites comptées chacune depuis $0^g$ jusqu'à $100^g$, s'élève à $5032^g,033$: Et cette même somme comptée, comme nous l'avons dit, sera

$$5032^g,033 - 97 \times 50 = 182^g,033.$$

Nous avons donc $P=97$; $\Psi = 182^g,033$;

$B = \frac{\Psi}{n} = \frac{182,033}{50} = 3,6406$. Avec ces nombres la formule $(b)$ devient

$$\frac{2}{\sqrt{\pi}} \int dx' \cdot e^{-x'^2}$$

en posant $x' = x \cdot \sqrt{\frac{3}{2P}}$. Les limites de $x'$ sont $x'=0$

$x'=0,45273$; Substituant cette valeur de $x'$ dans la série

$$\int dx' \cdot e^{-x'^2} = x' - \frac{1}{1.2} \cdot \frac{x^3}{3} + \frac{1}{2.3} \cdot \frac{x^5}{5} - \text{etc.}$$

l'on trouvera

$$\frac{2}{\sqrt{\pi}} \int dx' \cdot e^{-x'^2} = 0,4934.$$

La division de 182,033 par 97 donne $1^o,87663$. La fraction 0,4934 exprime donc la probabilité que l'inclinaison moyenne des 97 Comètes observées sera comprise entre les limites $50^g \pm 1^g,87663$, en admettant toutes les inclinaisons également probables. Il est donc très-vraisemblable que l'hypothèse d'une égale facilité d'inclinaison pour ces astres est celle de la nature, puisque la fraction 0,4934 n'est pas assez petite pour la faire rejeter. Le résultat précédent s'accorde avec celui que LAPLACE a donné dans les Mémoires de l'Institut, année 1809, pag. 374.

9. Passons actuellement à la solution d'un problême beaucoup plus général que les précédentes. Soit $2n$ le nombre des faces de chaque dé, et $p$ le nombre de ces dés que l'on a jetés au hasard. Nommons

$$\mathcal{C}';\ \mathcal{C}'';\ \mathcal{C}''';\ \ldots\ldots\ \mathcal{C}^{(p)}$$

les nombres marqués sur les faces respectives de ces dés, et supposons chacun de ces nombres multiplié par celui qui lui correspond dans la suite

$$q';\ q'';\ q''';\ \ldots\ldots\ q^{(p)};$$

l'on demande la probabilité qu'il y a pour que la somme

$$q'\mathcal{C}'+q''\mathcal{C}''+q'''.\ \ldots\ldots + q^{(p)}\mathcal{C}^{(p)}.\ \ldots\ldots \quad (B)$$

de ces produits soit égale à une quantité donnée $q$.

L'on suppose $q',\ q'',\ q'''\ldots\ q^{(p)}$ nombres entiers.

Désignons par X′ ce que devient le polynome X posé dans le N.° 1, lorsque l'on élève chacun de ses termes à la puissance $q'$, l'on aura

$$X' = x^{-q'n} + x^{-q'(n-1)} \ldots\ldots + x^{-2q'} + x^{-q'} + x^{q'} + x^{2q'} \ldots\ldots + x^{q'(n-1)} + x^{q'n}.$$

Soient $X''$, $X'''$. . . . . $X^{(p)}$ les valeurs successives que prend ce polynome par le changement de $q'$ en $q''$; $q''$ en $q'''$ et ainsi de suite jusqu'à $q^{(p)}$. Il est clair, par la théorie des combinaisons, que le problême dont il s'agit se réduit à déterminer le coëfficient de $x^q$ qui se trouve dans le développement de la fonction

$X'.X''.X'''.\ldots.X^{(p)}$. Or en posant $x=e^{\varpi\sqrt{-1}}$ l'on a

$$X'=2\cos.q'\varpi+2\cos.2q'\varpi\ldots\ldots+2\cos.nq'\varpi,$$

ou bien

$$X'=2S.\cos.nq'\varpi$$

en étendant le signe S des intégrales finies à toutes les valeurs de $n$ depuis 1 jusqu'à $n$ inclusivement; donc le coëfficient de $x^q$ sera égal à la moitié du coëfficient de $\cos.q\varpi$ résultant du développement de la fonction

$$2^p.S\cos.nq'\varpi.S\cos.nq''\varpi\ldots\ldots S\cos.nq^{(p)}\varpi,$$

ou, ce qui revient au même, il sera égal au terme indépendant de $\varpi$ de la fonction

$$2^p.\cos.q\varpi.S\cos.nq'\varpi.S\cos.nq''\varpi\ldots\ldots S\cos.nq^{(p)}\varpi.$$

Il suit de là qu'en nommant $y$ le coëfficient de $x^q$, l'on aura

$$y=\frac{2^p}{\pi}\int d\varpi\cos.q\varpi.S\cos.nq'\varpi.S\cos.nq''\varpi\ldots\ldots S\cos.aq^{(p)}\varpi$$

en intégrant depuis $\varpi=0$ jusqu'à $\varpi=\pi$.

Cela posé, si l'on développe les fonctions soumises au signe S suivant les puissances de $\varpi$, l'on aura

$$S\cos.nq'\varpi = n.\left\{1 - aq'^2\varpi^2 + bq'^4\varpi^4 - \text{etc.}\right\};$$

$$S\cos.nq''\varpi = n.\left\{1 - aq''^2\varpi^2 + bq''^4\varpi^4 - \text{etc.}\right\};$$

. . . . . . . . . . . . . . . . . . . . . . . . . . . . . .

$$S\cos.nq^{(p)}\varpi = n.\left\{1 - aq^{(p)2}\varpi^2 + bq^{(p)4}\varpi^4 - \text{etc.}\right\};$$

où les valeurs de $a$, $b$, etc. sont connues par le N.° 3.

Maintenant, si l'on forme la somme des logarithmes des seconds membres de ces équations, l'on aura

$$\log.S\cos.nq'\varpi + \log.S\cos.nq''\varpi \ldots + \log.S\cos.nq^{(p)}\varpi$$

$$= \log.n^p - a\varpi^2\,P + \left(\frac{2b - a^2}{2}\right)\varpi^4\,P' - \text{etc.}\ e$$

en faisant

$$P = q'^2 + q''^2 + q'''^2 \ldots\ldots + q^{(p)2};$$

$$P' = q'^4 + q''^4 + q'''^4 \ldots\ldots + q^{(p)4}.$$

La valeur de $y$ pourra donc être mise sous cette forme

$$y = \frac{(2n)^p}{\pi}\int d\varpi.\cos.q\varpi.e^{-a\varpi^2 P}.e^{\frac{(2b - a^2)P'\varpi^4}{2}}\ldots\ldots$$

ou bien, sous celle-ci,

$$y = \frac{(2n)^p}{\pi}\int d\varpi\cos.q\varpi.e^{-a\varpi^2 P}.\left\{1 + \frac{(2b - a^2)P'\varpi^4}{2} + \text{etc.}\right\}.$$

Cette valeur de $y$ est semblable à celle que nous avons trouvé dans le N.° 6, par conséquent on pourra l'intégrer par le même procédé, ce qui donnera

$$y = \frac{(2n)^p}{2\sqrt{a\pi P}} \cdot e^{\frac{-q^2}{4aP}} \left\{ 1 + \frac{(2b-a^2)}{8a^2} \cdot \frac{P'}{P^2} \left( 3 - \frac{3q^2}{aP} + \frac{q^4}{4a^2 P^2} \right) \right\} \cdot$$

ou simplement

$$y = \frac{(2n)^p \sqrt{3}}{\sqrt{\pi P (n+1)(2n+1)}} \cdot e^{\frac{3q^2}{P(n+1)(2+1)}}$$

en prenant seulement le premier terme de cette formule. En changeant arbitrairement les signes des multiplicateurs $q'$, $q''$, etc. la valeur précédente de $y$ restera toujours la même, puisque P, P' sont formés par des puissances paires de ces multiplicateurs.

D'après ce que l'on a vu dans les cas précédens, l'on comprendra sans difficulté que si le nombre des faces est impair, l'on doit avoir

$$y = \frac{(1+2n)^p}{2\sqrt{\pi a' P}} \cdot e^{\frac{-q^2}{4a'P}} \cdot \left\{ 1 + \frac{(2b'-a'^2)}{8a'^2} \frac{P'}{P^2} \left( 3 - \frac{3q^2}{a'P} + \frac{q^4}{4a'^2 P^2} \right) \right\}$$

les valeurs de $a'$ et $b'$ étant celles que l'on trouve au N.° 7. Le premier terme de cette formule donne

$$\frac{\sqrt{3}}{\sqrt{2\pi P n (n+1)}} \cdot e^{\frac{-3q^2}{2n(n+1)P}}$$

pour la probabilité demandée, laquelle se réduit à

$$\frac{1}{n} \cdot \sqrt{\frac{3}{2\pi P}} \cdot e^{\frac{-3q^2}{2P.n^2}}$$

dans l'hypothèse très-grand. Ici, si l'on fait

$\frac{q}{n} = x$ ; $\frac{1}{n} = dx$ ; $\frac{\psi}{n} = k$ l'on aura

$$\sqrt{\frac{6}{\pi P}} \cdot \int dx \cdot e^{\frac{-3x^2}{2P}}$$

pour la probabilité que la valeur de la fonction (B) sera comprise entre les limites $\mp \psi$. Les limites de l'intégrale étant $x = -k$; $x = +k$.

10. Le problême que nous venons de résoudre peut être rendu plus général en demandant la probabilité qu'il y a pour satisfaire en même tems aux deux équations

$$q'\mathcal{E}' + q''\mathcal{E}'' + q'''\mathcal{E}''' \ldots\ldots + q^{(p)}\mathcal{E}^{(p)} = Q ;$$

$$q_{,}\mathcal{E}' + q_{,,}\mathcal{E}'' + q_{,,,}\mathcal{E}''' \ldots\ldots + q^{(p)}\mathcal{E}_{(p)} = Q ;$$

Soit

$$X' = x^{-nq'} . y^{-nq_{,}} + x^{-(n-1)q'} . y^{-(n-1)q_{,}} \ldots\ldots\ldots$$
$$+ x^{-2q'} . y^{-2q_{,}} + x^{-q'} . y^{-q_{,}} + x^{q'} . y^{q_{,}} + x^{2q'} . y^{2q_{,}} \ldots$$
$$+ x^{(n-1)q'} . y^{(n-1)q_{,}} + x^{nq'} . y^{nq_{,}} ;$$

$$X'' = x^{-nq''} . y^{-nq_{,,}} \ldots + x^{-2q''} . y^{-2q_{,,}} + x^{-q''} . + x^{+q''} . y^{+q_{,,}}$$
$$+ x^{2q''} . y^{2q_{,,}} \ldots\ldots + x^{nq''} . y^{nq_{,,}} ;$$

etc.

Si l'on suppose développée la fonction $X' . X'' . X''' \ldots X^{(p)}$ il est clair que la probabilité demandée sera donnée par le coëfficient de $x^{Q} . y^{Q'}$, qui se trouve dans ce développement. Mais si l'on fait

$$x = e^{\varpi\sqrt{-1}}\,;\; y = e^{\varpi'\sqrt{-1}}\,.$$

l'on a

$$X' = 2S\cos.n\left(q'\varpi + q_{,}\varpi'\right);\; X'' = 2S\cos.n\left(q''\varpi + q_{,,}\varpi'\right);\ \text{etc.}$$

donc le coëfficient de $x^Q \,.\, y^{Q'}$ est égal au terme indépendant de $\varpi$ et de $\varpi'$ qui se trouve dans le produit

$$\cos.\left(Q\varpi + Q'\varpi'\right) X'.X''.X'''.\ldots\ldots X^{(p)}.$$

A' l'exclusion du terme indépendant de $\varpi$ et de $\varpi'$ il est évident qu'un terme quelconque de ce produit doit avoir l'une ou l'autre de ces trois formes

$$A\cos.\left(\alpha\varpi + \beta\varpi'\right),\ B\cos.M\varpi,\ C\cos.N\varpi'.$$

Or, en multipliant les deux premières de ces fonctions par $d\varpi$ et les intégrant depuis $\varpi = -\pi$ jusqu'à $\varpi = \pi$ l'on a zéro pour résultat; de même en multipliant la troisième par $d\varpi'$ et intégrant entre les mêmes limites l'on a encore zéro; donc si l'on nomme $z$ le coëfficient de $x^Q \,.\, y^{Q'}$ l'on aura entre les limites prescrites

$$z = \frac{1}{4\pi^2}\int d\varpi' \int d\varpi \cos.\left(Q\varpi + Q'\varpi'\right).X'.X''.X'''\ldots X^{(p)},$$

puisque par cette double intégration tous les termes disparaissent, excepté celui qui est indépendant de $\varpi$ et de $\varpi'$. Maintenant par un calcul analogue à celui du N.° précédent, l'on trouvera

$$X'.X''.X'''.\ldots\ldots X^{(p)} = (2n)^p . e^{-aP} . e^{\frac{(2b^2 - a^2)P'}{2}}$$

en posant

$$P = \left(q'\varpi + q_{,}\varpi'\right)^2 + \left(q_{,,}\varpi + q_{,,}\varpi'\right)^2 \ldots + \left(q^{(p)}\varpi + q_{(p)}\varpi'\right)^2;$$

$$P' = \left(q'\varpi + q_{,}\varpi'\right)^4 + \left(q''\varpi + q_{,,}\varpi'\right)^4 \ldots + \left(q^{(p)}\varpi + q_{(p)}\varpi'\right)^4;$$

etc.

Et si l'on fait

$$A = q'^2 + q''^2 + q'''^2 \ldots\ldots + q^{(p)2};$$
$$B = q'q_{,} + q''q_{,,} + q'''q_{,,,} \ldots\ldots + q^{(p)}q_{(p)};$$
$$C = q_{,}^2 + q_{,,}^2 + q_{,,,}^2 \ldots\ldots + q_{(p)}^2,$$

l'on aura

$$z = \frac{(2n)^p}{4\pi^2}\int d\varpi' \int d\varpi.\cos.\left(Q\varpi + Q'\varpi'\right).\, e^{-(aA\varpi^2 + 2aB\varpi.\varpi' + Ca'\varpi'^2)}$$

en omettant le facteur $\frac{(2b^2 - a^2)P'}{2}$ qui ne produit que des termes très-petits dans le résultat de l'intégration.

Si l'on fait

$$x = \varpi\sqrt{ap}\ ; \quad x' = \varpi'\sqrt{ap}$$

la valeur précédente de $z$ devient

$$z = \frac{(2n)^p}{4a\pi p^2}\int dx' \int dx \cos.\left(\frac{Qx}{\sqrt{ap}} + \frac{Q'x'}{\sqrt{ap}}\right).\, e^{-\frac{A.x^2}{p} - \frac{2Bxx'}{p} - \frac{C.x'^2}{p}}$$

les limites de $x$ et de $x'$ étant $-\infty$ et $+\infty$ puisque l'on suppose $p$ très-grand.

Pour rendre possible la double intégration par les méthodes connues, substituons à la place du cosinus sa valeur exponentielle, nous aurons

$$z = \frac{(2n)^p}{2.4ap\pi^2}\int dx'\int dx.e^{-(\alpha x^2+\beta x'^2+\gamma xx'+x+\delta\varepsilon x')}$$

$$+\frac{(2n)^p}{2.4ap\pi^2}\int dx'\int dx.e^{-(\alpha x^2+\beta x'^2+\gamma xx'-\delta x-\varepsilon x')}$$

en faisant, pour plus de simplicité,

$$\alpha=\frac{A}{p};\ \beta=\frac{C}{p};\ \gamma=\frac{2B}{p};\ \delta=\frac{Q\sqrt{-1}}{\sqrt{ap}};\ \varepsilon=\frac{Q'\sqrt{-1}}{\sqrt{ap}}.$$

Maintenant il faut transformer l'exposant

$$\alpha x^2+\beta x'^2+\gamma xx'+\delta x+\varepsilon x'=Y$$

du nombre $e$ dans un autre renfermant seulement les quarrés des deux variables. Pour cela l'on posera

$$x=u-\frac{\gamma}{2\alpha}u'+f;\qquad x'=u'-h;$$

$$f=\frac{\gamma\varepsilon-2\beta\delta}{4\alpha\beta-\gamma^2};\qquad h=\frac{2\alpha\varepsilon-\gamma\delta}{4\alpha\beta-\gamma^2};$$

et l'on aura

$$Y=\alpha u^2+\left(\frac{4\alpha\beta-\gamma^2}{4\alpha}\right).u'^2+H;$$

$$H=\frac{\alpha\varepsilon^2\gamma^2+\beta\gamma^2\delta^2-\varepsilon\delta\gamma^3-4\alpha\beta^2\delta^2-4\alpha^2\varepsilon^2+4\alpha\beta\gamma\delta\varepsilon}{(4\alpha\beta-\gamma^2)^2}.$$

Substituant à la place de $\alpha$, $\beta$, $\gamma$, $\delta$, $\varepsilon$ leurs valeurs l'on trouvera, après les réductions,

$$Y=\ ^{A}.u^2+\left(\frac{AC-B^2}{pA}\right).u'^2+H;$$

$$H = \frac{CQ^2 - 2BQQ' + AQ'^2}{4a(AC - B^2)}.$$

Il suit de là qu'en posant

$$E = AC - B^2$$

l'on aura

$$\int dx' \int dx . e^{-Y} = \int du' \int du . e^{\frac{-A.u^2}{p}} . e^{\frac{-E.u'^2}{Ap}} . e^{-H}$$

les limites de $u$ et de $u'$ étant les mêmes que celles de $x$ et de $x'$. Or l'on sait que depuis $x = -\infty$, jusqu'à $x = +\infty$, l'on a

$$\int dx . e^{-x^2} = \sqrt{\pi},$$

donc

$$\int dx' \int dx . e^{-Y} = e^{-H} \frac{\pi p}{\sqrt{E}}.$$

Pour peu que l'on examine la première transformée de Y l'on comprendra qu'à l'égard de la fonction

$$\alpha x^2 + \beta x'^2 + \gamma x x' - \delta x - \zeta x' = Y'$$

l'on doit encore avoir

$$\int dx' \int dx . e^{-Y'} = e^{-H} \frac{\pi p}{\sqrt{E}}.$$

En réunissant ces deux intégrales, l'on aura enfin

$$z = \frac{(2n)^p}{4a\pi\sqrt{E}} . e^{\frac{-1}{4aE}\left(CQ^2 - 2BQQ' + AQ'^2\right)} \ldots (\alpha')$$

ou bien

$$z = \frac{3(2n)^p}{\pi(n+1)(2n+1)\sqrt{E}} \cdot e^{\frac{-3(CQ^2 - BQQ' + AQ'^2)}{E(n+1)(2n+1)}}$$

en substituant pour $a$ sa valeur (N.° 3).

Relativement au cas où le nombre des faces de chaque dé serait égal à $2n+1$ l'on aurait

$$z = \frac{3(1+2n)^p}{2\pi n(n+1)\sqrt{E}} \cdot e^{\frac{-3(CQ^2 - 2BQQ' + AQ'^2)}{2 \cdot En \cdot (n+1)}}.$$

11. La même méthode s'applique au cas où il s'agit de déterminer la probabilité qu'il y a pour satisfaire en même tems aux trois équations suivantes,

$$q'\mathcal{E}' + q''\mathcal{E}'' + q'''\mathcal{E}''' \ldots\ldots + q^{(p)}\mathcal{E}^{(p)} = Q$$
$$q_{,}\mathcal{E}' + q_{,,}\mathcal{E}'' + q_{,,,}\mathcal{E}''' \ldots\ldots + q_{(p)}\mathcal{E}^{(p)} = Q'$$
$$r'\mathcal{E}' + r''\mathcal{E}'' + r'''\mathcal{E}''' \ldots\ldots + r^{(p)}\mathcal{E}^{(p)} = Q''.$$

Par des considérations absolument semblables à celles du N.° précédent, l'on trouverait que dans ce cas l'on doit avoir

$$z = \frac{1}{8\pi^3}\int d\varpi'' \int d\varpi' \int d\varpi \cos.\left( Q\varpi + Q'\varpi' + Q''\varpi'' \right) X'X'' \ldots X^{(p)}.$$

$$X' = 2\,S.\cos.n\left( q'\varpi + q_{,}\varpi' + r'\varpi'' \right);$$

$$X'' = 2\,S.\cos.n\left( q''\varpi' + q_{,,}\varpi' + r''\varpi'' \right);$$

etc.

les limites des intégrales étant toujours $\varpi = \varpi' = \varpi'' = -\pi$; $\varpi = \varpi' = \varpi'' = +\pi$. Maintenant si l'on transforme le produit $X'X''X'''\ldots X^{(p)}$ à la manière ordinaire l'on aura, en retenant seulement le premier terme,

$$z = \frac{(2n)^p}{8\pi^3}\int d\varpi''\int d\varpi'\int d\varpi.\cos.\left(Q\varpi+Q'\varpi'+Q''\varpi''\right).e^{-aP}$$

$$P = \left(q'\varpi+q_{,}\varpi'+r'\varpi''\right)^2+\left(q''\varpi+q_{,,}\varpi'+r''\varpi''\right)^2\ldots$$

$$\ldots\ldots\quad + \left(q^{(p)}\varpi+q_{(p)}\varpi'+r^{(p)}\varpi''\right).$$

Faisons

$$x=\varpi\sqrt{ap}\;;\; x'=\varpi'\sqrt{ap}\;;\; x''=\varpi''\sqrt{ap}$$

$$A=q'^2+q''^2+q'''^2\ldots+q^{(p)2};$$

$$B=q_{,}^2+q_{,,}^2+q_{,,,}^2\ldots+q_{(p)}^2;$$

$$C=r'^2+r''^2+r'''^2\ldots+r^{(p)2};$$

$$D=q'q_{,}+q''q_{,,}+q'''q_{,,,}\ldots+q^{(p)}q_{(p)};$$

$$E=q'r'+q''r''+q'''r'''\ldots+q^{(p)}r^{(p)};$$

$$F=q_{,}r'+q_{,,}r''+q_{,,,}r'''\ldots+q_{(p)}r^{(p)};$$

l'on aura

$$pP=Ax^2+Bx'^2+Cx''^2+2Dxx'+2Exx''+2Fx'x'';$$

$$z=\frac{(2n)^p}{8\pi^3}\int dx''\int dx'\int dx.\cos.\left(\frac{Qx}{\sqrt{ap}}+\frac{Q'x'}{\sqrt{ap}}+\frac{Q''x''}{\sqrt{ap}}\right).e^{-\frac{P}{p}}.$$

Si l'on fait $\alpha=\frac{A}{p}$; $\beta=\frac{B}{p}$; $\gamma=\frac{C}{p}$; $\delta=\frac{2D}{p}$;

$$\varepsilon=\frac{2E}{p};\zeta=\frac{2F}{p}=\eta\,\frac{Q\sqrt{-1}}{\sqrt{ap}};\quad=\theta\,\frac{Q'\sqrt{-1}}{\sqrt{ap}};\;\tau=\frac{Q''\sqrt{-1}}{\sqrt{ap}}$$

$$X = \alpha x^2 + \beta x'^2 + \gamma x''^2 + \delta x x' + \epsilon x x'' + \zeta x' x'' + \vartheta x$$
$$+ \theta x' + \tau x'';$$

$$Y = \alpha x^2 + \beta x'^2 + \gamma x''^2 + \delta x x' + \epsilon x x'' + \zeta x' x'' - \vartheta x$$
$$- \theta x' - \tau x'';$$

et qu'à la place du cosinus l'on substitue sa valeur exponentielle, l'on aura

$$z = \frac{(2n)^p}{2.8\pi^3} \int dx'' \int dx' \int dx . e^{-X} + \frac{(2n)^p}{2.8\pi^3} \int dx' \int dx' \int dx . e^{-Y}.$$

Pour rendre possibles ces intégrations, il faut transformer les fonctions X, Y dans d'autres qui renferment seulement les quarrés des variables. Voici l'indication de ce calcul pour X. L'on posera

$$x = u + Ku' + gu'' + h;$$
$$x' = u' + mu'' + f;$$
$$x'' = u' - b$$

et l'on aura pour déterminer les coëfficiens $k, g, h, m, f, b$ les équations suivantes;

$$2\alpha k + \delta = 0$$

$$g = \frac{\delta\zeta - 2\beta\epsilon}{4\alpha\beta - \delta^2};$$

$$m = \frac{\epsilon\delta - 2\alpha\zeta}{4\beta\alpha - \delta^2};$$

$$b = \frac{\vartheta\delta\zeta + \theta\epsilon\delta - \tau\delta^2 - 2\beta\vartheta\epsilon - 2\alpha\zeta\theta + 4\alpha\beta\tau}{2\epsilon\delta\zeta - 2\gamma\delta^2 - 2\beta\epsilon^2 - 2\alpha\zeta^2 + 8\alpha\beta\gamma};$$

$$f\left(4\alpha\beta - \delta^2\right) - b\left(2\alpha\zeta - \delta\epsilon\right) + 2\alpha\theta - \vartheta\delta = 0; \ldots (I)$$

$$2\alpha h+\delta f-b\varepsilon+\eta=0 \ldots\ldots\ldots\ldots (II)$$

d'après lesquelles la valeur de X se réduit à

$$X=\alpha u^2+Gu'^2+Hu''^2+N$$

en posant

$$G=\frac{4\alpha\beta-\delta^2}{4\alpha};$$

$$H=\frac{\left\{\begin{array}{l}\varepsilon\zeta\delta^3+\gamma\delta^4-\beta\varepsilon\delta^2-\alpha\delta^2\zeta^2-8\alpha\beta\gamma\delta^2-4\alpha\beta\delta\varepsilon\zeta\\ +4\beta\alpha^2\zeta^2+4\alpha\beta^2\varepsilon^2+16.\gamma\alpha^2\beta^2-2\alpha\zeta^2-2\beta\varepsilon^2\end{array}\right\}}{(4\alpha\beta-\delta^2)^2}$$

$$N=\alpha h^2+\beta f^2+\gamma b^2+\delta fh-\varepsilon bh-\zeta bf+\eta h+\theta f-\tau h.$$

En tranformant Y de la même manière l'on aura le même résultat que celui que nous venons d'obtenir pour X ; ainsi en effectuant les intégrations depuis l'infini négatif jusqu'à l'infini positif, l'on aura

$$z=\frac{(2n)^p \cdot e^{-N}}{8\pi\sqrt{\pi}\cdot\sqrt{\alpha GH}}.$$

Pour mieux connaître la forme de la fonction N développons davantage les équations précédentes.

En substituant dans la valeur de $b$ à la place de $\alpha$, $\beta$, etc. leurs valeurs l'on trouve

$$b=\frac{1}{2}\cdot\sqrt{\frac{p}{a}}\cdot\sqrt{-1}\cdot\left\{\frac{IQ''+I'Q'+I''Q}{IC+I'F+I''E}\right\}$$

en faisant

$$I=AB-D^2\ ;\ I'=DE-AF;\ I''=DF-BE.$$

Les mêmes substitutions changent les équations (I) et (II) en celles-ci;

$$If + I'b + \frac{1}{2}\sqrt{\frac{p}{a}} \cdot \sqrt{-1} \cdot \left(AQ' - DQ\right) = 0$$

$$Ah + Df - Eb + \frac{1}{2}\sqrt{\frac{p}{a}} \cdot \sqrt{-1}\ Q = 0 .$$

Il suit de là que si l'on pose

$$M = \frac{IQ'' + I'Q' + I''Q}{IC + I'F + I''E};$$

$$M' = AQ' - DQ + MI';$$

$$M'' = BQ - Q'D + MI''$$

l'on aura

$$b = \frac{1}{2}\sqrt{\frac{p}{a}} \cdot \sqrt{-1} \cdot M; \quad f = -\frac{1}{2}\sqrt{\frac{p}{a}}\sqrt{-1} \cdot \frac{M'}{I};$$

$$h = -\frac{1}{2}\sqrt{\frac{p}{a}} \cdot \sqrt{-1} \cdot \frac{M''}{I} .$$

Or nous avons

$$PN = -Ah^2 + Bf^2 + Cb^2 - 2Fbf$$
$$+\sqrt{\frac{p}{a}} \cdot \sqrt{-1} \cdot Q'f - \sqrt{\frac{p}{a}} \cdot \sqrt{-1} . Q''h$$

donc par la substitution des valeurs de $b$, $f$, $h$, l'on aura

$$4aIN = AQ'^2 + BQ^2 - 2DQQ' + 2DQ'Q'' - 2BQQ''$$
$$+ 2M\left(QI' - Q''I'' + QI''\right) - M^2\left(CI + FI' + EI''\right)$$

ou bien

$$4a\mathrm{IN} = \mathrm{AQ}'^2 + \mathrm{BQ}^2 - 2\mathrm{DQQ}' + 2\mathrm{DQ}'\mathrm{Q}'' - \mathrm{BQQ}'' + \frac{2\mathrm{Q}'\mathrm{Q}''.\mathrm{I}'\mathrm{I}'' - 2\mathrm{QQ}''\mathrm{I}'^2 + 2\mathrm{QQ}'\mathrm{I}'\mathrm{I}'' + \mathrm{Q}'^2\mathrm{I}'^2 + \mathrm{Q}^2\mathrm{I}''^2 - \mathrm{Q}''^2(\mathrm{I}^2 + 2\mathrm{I}\mathrm{I}'')}{\mathrm{IC} + \mathrm{I}'\mathrm{F} + \mathrm{I}''\mathrm{E}}$$

en remplacant M par sa valeur.

L'on voit par cette équation que la valeur de N est une fonction homogène de la seconde dimension par rapport à Q, Q', Q'', ce qui est analogue à ce qui a lieu pour H dans le problème du N.° précédent.

12. Dans tous les problèmes résolus jusqu'ici nous avons supposé que le polyèdre qui nous a servi d'exemple avait un nombre de faces marquées par chacun des nombres de la suite o; $\pm 1$; $\pm 2$; $\pm 3 \ldots \pm n$. Mais l'on peut généraliser la question en l'énonçant ainsi : Soit $h$ le nombre total des faces du polyèdre; nommons $a$ le nombre de ces faces marquées avec un zéro; $2a'$ le nombre de celles marquées, moitié avec l'unité positive, et moitié avec l'unité négative; $2a''$ le nombre de celles marquées moitié $+2$, et moitié $-2$; en continuant de la même manière l'on formera l'équation

$$a + 2a' + 2a'' + 2a''' \ldots + 2a^{(n)} = h \ldots\ldots (\mathrm{I}).$$

Cela posé, proposons-nous de résoudre avec ce changement de circonstances le même problème que nous avons énoncé au commencement du N.° 9.

Il est clair qu'ici il faudra considérer le polynome

$$\mathrm{X}' = a^{(n)}.x^{-nq'} + a^{(n-1)}.x^{-(n-1)q'} \ldots\ldots + a''x^{-2q'} + a'x^{-q'} + ax^0 + a'x^{q'} + a''x^{2q'} \ldots\ldots + a^{(n)}\,x^{nq'}$$

et déterminer le coëfficient de $x^q$ résultant du développement de la fonction $X'.X''.X'''\ldots X^{(p)}$; $X''$; $X'''\ldots X^{(p)}$ étant les valeurs successives, que prend $X'$ par le changement de $q'$ en $q''$, $q'''\ldots q^{(p)}$. En faisant, comme dans les cas précédens, $x = e^{\varpi\sqrt{-1}}$, l'on aura

$$X' = a + 2a'.\cos.q'\varpi + 2a''.\cos.2q'\varpi\ldots\ldots + 2a^{(n)}.\cos.nq'\varpi.$$

Il n'est pas nécessaire de répéter ici le raisonnement que nous avons déjà fait pour comprendre qu'en nommant $y$ le coëfficient cherché l'on doit avoir

$$y = \frac{1}{\pi}\int d\varpi\cos.q\varpi.X'.X''.X'''\ldots\ldots X^{(p)}$$

en intégrant depuis $\varpi = 0$ jusqu'à $\varpi = \pi$.

Développant $X'$ suivant les puissances de $\varpi$ l'on aura

$$X' = h.\left(1 - \frac{h'}{h}.\varpi^2 + \frac{h''}{h}\varpi^4 + \text{etc.}\right)$$

en posant

$$a' + a''.2^2 + a'''.3^2\ldots + a^{(n)}.n^2 = h'\ldots \text{(II)}$$

$$\frac{1}{12}.\left(a' + a''.2^4 + a'''.3^4\ldots + a^{(n)}.n^4\right) = h''.$$

Maintenant la transformation usitée nous donnera

$$X'.X''.X'''\ldots X^{(p)} = h^p.e^{\frac{-h'P\varpi^2}{h}}\left\{1 + \frac{\left(\frac{2h''}{h} - \frac{h'^2}{h^2}\right)}{2}P'\varpi^4\right\}$$

en posant

$$P = q'^2 + q''^2 + q'''^2\ldots + q^{(p)2};$$

$$P' = q'^4 + q''^4 + q'''^4\ldots + q^{(p)4}.$$

Si l'on retient seulement le premier terme de cette série, l'on aura

$$y = \frac{h^p}{\pi} \int d\varpi . \cos . q\varpi . e^{-\frac{h'}{h} P \varpi^2};$$

d'où l'on conclut par les formules précédentes

$$y = \frac{h^p}{2\sqrt{\pi P . \frac{h'}{h}}} . e^{-\frac{hq^2}{4P.h'}}$$

Cette valeur de $y$ divisée par $h^p$, qui exprime le nombre total des combinaisons d'un nombre $p$ de polyèdres tels que celui que nous avons décrit, donnera

$$\frac{1}{2\sqrt{\pi P \frac{h'}{h}}} . e^{-\frac{hq^2}{4h'P}} \quad \ldots\ldots \quad (\alpha)$$

pour la probabilité de satisfaire à l'équation

$$q'\mathcal{E}' + q''\mathcal{E}'' + \mathcal{E}''' \ldots + q^{(p)}\mathcal{E}^{(p)} = q.$$

Les quantités $h$ et $h'$ sont censées connues par les équations (I) et (II).

Avant d'aller plus loin je ferais ici une remarque qui nous sera utile par la suite. Si l'on prend seulement le premier terme de la valeur de $y$ trouvée dans le N.° 9 l'on a

$$\frac{1}{2\sqrt{\pi a P}} . e^{\frac{-q^2}{4aP}}$$

pour expression de la probabilité. Cette fonction est de la même forme que celle désignée par ($\alpha$) et n'en diffère que par la valeur de la constante $a$ qui dans celle-ci est exprimée par $\frac{h'}{h}$. En partant de cette considération, l'on aurait obtenu d'abord la solution du problème.

Dans les cas où la loi de la probabilité de chacun des nombres de la suite $0; \pm 1; \pm 2; \pm 3 \ldots \pm n$ sera exprimée par une fonction d'une variable, l'on pourra obtenir les valeurs de $h$ et de $h'$ par le calcul des différences finies. En effet, soit $F\left(\frac{x}{2n}\right)$ une fonction telle que l'on ait

$$F\left(\frac{x}{2n}\right) = F\left(\frac{-x}{2n}\right),$$

et qu'en y faisant successivement $x = 0, 1, 2, 3, 4, \ldots n$ l'on eût pour résultat $\frac{a}{h}, \frac{a'}{h}, \frac{a''}{h} \ldots \frac{a^{(n)}}{h}$. Les équations (I) et (II) deviendront

$$1 = \frac{a}{h} + 4n\frac{1}{2n} \mathrm{S}\, F\left(\frac{x}{2n}\right);$$

$$\frac{h'}{h} = 8n^3 . \frac{1}{2n} \mathrm{S} . \left(\frac{x}{2n}\right)^2 . F\left(\frac{x}{2n}\right),$$

le signe S des intégrales finies s'étendant à toutes les valeurs de $x = 1$ jusqu'à $x = n$.

Mais si le nombre $n$ est très-grand, alors l'on peut supposer $\frac{x}{2n} = \frac{x'}{b}$ ; $\frac{1}{2n} = \frac{dx'}{b}$, et changer le signe S en celui des intégrales infiniment petites, de sorte que en négligeant la fraction très-petite $\frac{a}{h}$ les deux équations précédentes donneront

$$1 = \frac{4n}{b}\int dx'.\,F\left(\frac{x'}{b}\right)$$

$$\frac{h'}{h} = \frac{8n^3}{b}\int dx'.\,\frac{x'^2}{b^2}.\,F\left(\frac{x'}{b}\right)$$

en intégrant depuis $x'=0$ jusqu'à $x = \frac{1}{2}\,b$.

Soit, pour plus de simplicité,

$$2\int dx'.\,F\left(\frac{x'}{b}\right) = K;\ \int dx'.\,\frac{x'^2}{b^2}.\,F\left(\frac{x'}{b}\right) = K',$$

l'on aura

$$\frac{h'}{h} = 4n^2.\,\frac{K'}{K}$$

et la formule ($\alpha$) deviendra, en la multipliant par 2 et posant $\frac{q}{2n} = \frac{d}{b}$,

$$\frac{1}{2n}.\,\frac{1}{\sqrt{\pi P.\,\frac{K'}{K}}}.\,e^{\frac{-K}{4K'P}.\,\frac{d^2}{b^2}} \ldots\ldots\ldots (\beta).$$

Telle est la probabilité pour satisfaire à l'équation

$$q'\varepsilon' + q''\varepsilon'' + q'''\varepsilon''' \ldots + q^{(p)}.\,\varepsilon^{(p)} = \pm q$$

lorsque $n$ est infiniment grand, et que $p$ est un nombre considérable.

13. Remplaçons dans la formule ($\beta$) $\frac{d}{b}$ par $\frac{q}{2n}$; nous aurons

$$\frac{1}{2n} \cdot \frac{1}{\sqrt{\pi P \cdot \frac{K'}{K}}} \cdot e^{\frac{-K}{4KP} \cdot \frac{q^2}{4n^2}}.$$

Soient E; E'; E''; E''', etc. les valeurs que prend cette formule en y faisant successivement $q = 0, 1, 2, 3$, etc. Cela posé, imaginons un joueur assujétti à la condition suivante: Si la somme désignée par $q$ est égale à zéro, le joueur ne payera rien; si la valeur $q$ est $\pm 1$, le joueur payera une certaine somme; mais il payera le double, le triple, le quadruple, etc.; si la valeur amenée de $q$ est $\pm 2$; $\pm 3$; $\pm 4$ etc. L'on demande la somme que doit payer ce joueur en supposant qu'il ne veuille pas s'exposer à un tel jeu.

La seule probabilité favorable au joueur est E; toutes les autres E'; E''; E'''; etc. lui sont contraires; et quoique ces probabilités soient décroissantes, elles ne laissent pas d'augmenter le désavantage du joueur en raison de la plus grande somme qu'il doit payer. Car il est clair que la probabilité E'' équivaut à la probabilité 2E'' pourvu que la somme à payer soit la même que celle qui correspond à E'; de même la probabilité E''' est équivalente à 3E''' si la somme à payer reste la même que pour E'; et ainsi de suite. De là l'on conclut que l'état du joueur est le même que s'il avait contre lui les probabilités E', 2E'', 3E''' etc., et en sa faveur la seule probabilité E, avec la condition de perdre toujours la même somme, quelle que soit la valeur de $q$ qu'il amenera. Donc le sort du joueur, ou ce qui revient au même, la valeur moyenne de $q$, sera donné par la somme

$$(\gamma) \ldots E' + 2E'' + 3E''' + 4E'''' + \text{etc.} = \frac{1}{2n\sqrt{\pi P \frac{K'}{K}}} \, S\, q \,.\, e^{\frac{-K}{4K'P} \cdot \frac{q^2}{4n^2}}$$

14. Cette formule donne la solution du problème concernant le milieu qu'il faut choisir entre les observations. Supposons que l'on ait un nombre $p$ d'observations pour corriger un élément déjà à-peu-près connu. Soit $u$ la correction de cet élément et $\alpha'$ la quantité donnée par l'observation : Cette quantité doit être considérée comme le résultat d'une fonction de l'élément, dans laquelle l'on aurait substitué à la place de l'élément sa valeur approchée augmentée de $u$, de sorte que, en négligeant les puissances de $u$ supérieures à la première, l'on aura l'équation

$$\alpha' = \beta' + \delta'.\,u$$

$\beta'$ et $\delta'$ étant des quantités que l'on sait déterminer.

Cette équation serait exacte si l'observation l'était, et elle suffirait pour connaître $u$ ; mais à cause des erreurs inévitables des observations, l'on aura exactement

$$\varepsilon' = \delta'.\,u - \gamma'$$

en faisant $\gamma' = \alpha' - \beta'$, et nommant $\mathcal{E}'$ l'erreur de l'observation. Chaque observation fournira une équation semblable, et l'on formera ainsi les équations suivantes :

$$\left.\begin{array}{l} \mathcal{E}' = \delta' \,.\, u - \gamma' \,; \\ \mathcal{E}'' = \delta'' \,.\, u - \gamma'' \,; \\ \cdot\;\cdot\;\cdot\;\cdot\;\cdot\;\cdot\;\cdot\;\cdot\;\cdot \\ \mathcal{E}^{(p)} = \delta^{(p)} .\, u - \gamma^{(p)}. \end{array}\right\} \;\ldots\ldots\; (C).$$

Pour déterminer la combinaison la plus avantageuse de ces équations, multiplions-les respectivement par $q'$, $q''$, $q'''$... $q^{(p)}$, et prenant leur somme il viendra,

$$\text{S}\,.\,q^{(p)}\,\mathcal{E}^{(p)} = u\,.\,\text{S}\,q^{(p)}.\delta^{(p)} - \text{S}\,q^{(p)}\gamma^{(p)} \;\ldots\ldots\; (\delta).$$

S'il était possible de choisir les multiplicateurs $q'$, $q''$, etc., de manière à rendre $\text{S}\,q^{(p)}\mathcal{E}^{(p)} = 0$, cette équation donnerait exactement

$$u = \frac{\text{S}.q^{(p)}.\gamma^{(p)}}{\text{S}.q^{(p)}.\delta^{(p)}},$$

mais comme cela est impraticable, tâchons de faire en sorte que cette valeur de $u$ diffère de la vérité le moins qu'il est possible.

Nommons $u'$ l'erreur de ce résultat, nous aurons

$$u = u' + \frac{\text{S}q^{(p)}.\gamma^{(p)}}{\text{S}q^{(p)}.\delta^{(p)}},$$

substituant cette valeur dans l'équation $(\delta)$ l'on trouvera

$$\text{S}\,q^{(p)}\mathcal{E}^{(p)} = u'.\,\text{S}\,q^{(p)}\,\delta^{(p)}.$$

Maintenant, si l'on adopte l'hypothèse assez naturelle que les erreurs positives sont également probables que les erreurs négatives de même valeur, et si l'on imagine que l'intervalle compris entre les erreurs extrêmes soit partagé dans un nombre infiniment grand de parties égales, représenté par $2n$; il est clair que l'on pourra appliquer ici tout ce qui a été dit dans le N.° 12 pour déterminer la probabilité relative à une valeur quelconque de $S \,.\, q^{(p)} . \varepsilon^{(p)}$. De plus, si l'on adapte au cas que nous traitons les considérations faites dans le N.° 13, l'on comprendra que, si l'on fait

$$q = u' S \,.\, q^{(p)} \delta^{(p)} = u' Q$$

dans la formule $(\gamma)$, la fonction

$$\frac{Q\sqrt{K}}{2n\sqrt{\pi PK'}} \,.\, S u' \,.\, e^{\frac{-K}{4K'P} \cdot \frac{Q^2 u'^2}{4n^2}}$$

qui en résulte, exprime la valeur la plus probable de l'erreur $u'$, d'où il suit que si l'on fait

$\frac{u'}{2n} = \frac{x'}{b}$; $\frac{1}{2n} = \frac{dx'}{b}$ l'on aura

$$\frac{2nQ\sqrt{K}}{\sqrt{\pi K'P}} \int \frac{x' dx'}{b^2} \,.\, e^{\frac{-Q^2 K . x'^2}{4K'P . b^2}}$$

pour la correction la plus probable de $u$. A' la rigueur il faudrait prendre pour limites de cette intégrale la valeur de $x'$ correspondante à la plus grande valeur de l'erreur $u'$, et celle correspondante à $u' = 0$; mais la rapidité avec laquelle la fonction exponentielle décroît, permet de prendre $x'=0$, $x'=\infty$ pour limites de l'intégrale, ce qui donne

$$\frac{4n}{Q}\cdot\sqrt{\frac{P\,K'}{\pi K}}$$

pour la correction de $u$ relative à un système quelconque de multiplicateurs $q'$, $q''$, $q'''$ . . . $q^{(p)}$. Nous avons supposé l'intervalle $2n$, qui comprend les erreurs positives et négatives, égal à $b$, ainsi en remplaçant $4n$ par $2b$, l'on aura

$$\frac{2b}{Q}\cdot\sqrt{\frac{K'P}{\pi K}}\; .\;.\;.\;.\;.\;.\;.\; (B)$$

pour la correction de $u$ exprimée par des unités de même espèce que celles qui mesurent l'intervalle $b$.

Il est clair actuellement que le meilleur système de multiplicateurs est celui qui rendra *minimum* la formule (B). Or nous avons

$$\frac{\sqrt{P}}{Q}=\frac{\sqrt{q'^2+q''^2+q'''^2\ldots+q^{(p)2}}}{q'\delta'+q''\delta''+q'''\delta'''\ldots+q^{(p)}\delta^{(p)}};$$

donc, si l'on suppose $1=q'=q''=\ldots q^{(p)}$, il faudra, pour que la correction de $u$ soit la plus petite, préparer les équations (C), de manière que dans chacune d'elles le coëfficient de $u$ ait le signe positif. L'on sait que le célèbre astronome Tobie Mayer est le premier qui a inventé cette règle, et qu'il en a fait usage pour perfectionner les tables de la Lune. Suivant cette méthode l'on aurait

$$u = \frac{S.\gamma^{(p)}}{S.\delta^{(p)}},$$

et la formule (B) donne

$$\frac{2b\sqrt{PK'}}{S.\delta^{(p)}.\sqrt{\pi K}}$$

pour la correction de cette valeur. Mais cette correction n'est pas la plus petite possible. Pour trouver celle-ci il faut déterminer les multiplicateurs $q', q'', \ldots q^{(p)}$, en égalant à zéro la différentielle partielle de la fonction $\frac{\sqrt{P}}{Q}$ prise par rapport à toutes les variables $q', q'', q''' \ldots q^{(p)}$, ce qui donnera

$$\frac{q^{(p)}}{\delta^{(p)}} = \frac{q'^2 + q''^2 + q'''^2 \ldots + q^{(p)2}}{q'\delta' + q'' + q'''\delta''' \ldots + q^{(p)}.\delta^{(p)}},$$

où le premier membre doit prendre successivement toutes les valeurs $\frac{q'}{\delta'}$ ; $\frac{q''}{\delta''}$ ; $\ldots$ $\frac{q^{(p)}}{q^{(p)}}$, et le second rester invariable. Il est clair que l'on satisfait à l'équation précédente en prenant

$$q' = \mu\delta' ;\ q'' = \mu\delta'' ;\ q''' = \mu\delta''' \ldots q^{(p)} = \mu\delta^{(p)},$$

ce qui donne $\mu = \frac{P}{Q}$.

Il suit de là que l'on a

$$u = \frac{\gamma'\delta' + \gamma''\delta'' + \gamma'''\delta''' \ldots\ldots + \gamma^{(p)}.\delta^{(p)}}{\delta'^2 + \delta''^2 + \delta'''^2 \ldots\ldots + \delta^{(p)2}},$$

et la formule (B) donne

$$\frac{2b\sqrt{K'}}{\sqrt{\pi K(\delta'^2 + \delta''^2 \ldots + \delta^{(p)2})}}$$

pour la correction de cette valeur, laquelle est effectivement plus petite que celle qui a lieu en supposant

$$1 = q' = q'' = \ldots q^{(p)}.$$

La comparaison de la valeur précédente de $u$ avec les équations (C) fait voir que celle-ci jouit de la propriété remarquable de rendre *minimum* la fonction

$$\left(\delta'.u' - \gamma'\right)^2 + \left(\delta''.u - \gamma''\right)^2 \ldots + \left(\delta^{(p)}.u - \gamma^{(p)}\right)^2$$

laquelle est égale à la somme des quarrés des erreurs $\varepsilon'$, $\varepsilon''$, $\varepsilon'''$ ... $\varepsilon^{(p)}$. Le calcul des probabilités établit par là le principe des moindres quarrés, découvert par Legendre et Gauss dans ces derniers tems.

La valeur de la correction dépend du rapport de K' à K, lequel ne peut pas être déterminé *a priori* à cause que l'on ignore presque toujours la forme de la fonction $F\left(\frac{x'}{b}\right)$, d'où dépend la loi de probabilité des erreurs, mais Laplace démontre que l'on peut dans tous les cas supposer $\frac{K}{K'} > 6$.

15. Reprenons la formule

$$\frac{1}{2n} \cdot \frac{\sqrt{K}}{\sqrt{\pi K'P}} \cdot e^{\frac{-Kq^2}{4K'P.4n^2}}$$

trouvée dans le N.° 13. Nous avons vu (N.° 14) que

$q=u'Q$, donc si l'on nomme $c$ l'intervalle qui comprend les erreurs positives et négatives de $q$, en faisant

$\frac{q}{2n}=\frac{u'Q}{c}$; $\frac{1}{2n}=\frac{Qdu'}{c}$, l'intégrale

$$\frac{2Q\sqrt{K}}{\sqrt{\pi}\,P\,K'}\int\frac{du'}{2c}\,.\,e^{\frac{-Ku'^2Q^2}{4K'Pc^2}}$$

prise depuis $u'=o$ jusqu'à $u'=u'$ donnera la probabilité pour que l'erreur de $u$ soit comprise entre $\pm u'$. Pour exprimer cette intégrale plus simplement, il suffit de poser

$$u'=\frac{2ct\sqrt{K'P}}{Q\sqrt{K}},$$

ce qui la changera en

$$\frac{2}{\sqrt{\pi}}\int dt\,.\,e^{-t^2} \quad \ldots\ldots (\mathcal{E}).$$

Suivant la méthode des moindres carrés des erreurs des observations nous avons vû dans le N.° précédent que l'on a

$$Q=\mu\left(\delta'^2+\delta''^2\ldots+\delta^{(p)2}\right)$$

$$P=\mu^2\left(\delta'^2+\delta''^2\ldots+\delta^{(p)2}\right)$$

donc l'on aura

$$u'=\frac{2ct\sqrt{K'}}{\sqrt{K}\left(\delta'^2+\delta''^2\ldots+\delta^{(p)2}\right)} \quad \ldots\ldots (\theta).$$

Suivant la méthode de Mayer l'on a $P = p$;

$$Q = \delta' + \delta'' + \delta''' \ldots + \delta^{(p)},$$

d'où l'on conclut

$$u' = \frac{2ct\sqrt{K'P}}{(\delta' + \delta'' \ldots + \delta^{(p)})\sqrt{K}} \ldots (\theta').$$

Maintenant, si l'on observe que le coëfficient de $t$, qui entre dans l'équation $(\theta)$, est précisément de la même forme que l'expression de la correction relative à la méthode des moindres quarrés, et que le coëfficient de $t$ de la formule $(\theta')$ est de la même forme que l'expression de la correction relative à la méthode de Mayer, l'on en conclura que pour une même valeur de $t$ la valeur de $u'$ donnée par l'équation $(\theta')$ doit être plus grande que celle donnée par l'équatiou $(\theta)$. Mais l'intégrale $(\mathcal{C})$ reste la même pour ces deux valeurs de $u'$, donc à probabilité égale les limites des erreurs sont plus resserrées en suivant le principe des moindres quarrés qu'en suivant la méthode ordinaire.

16. Si l'on avait à déterminer plus d'une inconnue, d'après un système d'équations dont le nombre excéderait de beaucoup celui des inconnues, la méthode des moindres quarrés des erreurs des observations serait encore celle qu'il faudrait suivre afin de diminuer autant que possible la correction la plus probable relative à chaque inconnue. Pour établir ce principe, considérons d'abord le cas où l'on aurait à corriger deux élémens déjà à-peu-près connus.

En nommant $u$ et $z$ les corrections des deux élémens, il serait aisé de former le système suivant d'équations

$$\left.\begin{array}{l} \mathcal{E}' = \delta'.u + \beta'.z - \gamma'; \\ \mathcal{E}'' = \delta''.u + \beta'' z - \gamma''; \\ \cdots\cdots\cdots\cdots \\ \mathcal{E}^{(p)} = \delta^{(p)}.u + \beta^{(p)} z - \gamma'' \end{array}\right\} \cdots\cdots (C')$$

par des considérations analogues à celles que nous avons employé au N.° 14.

Pour déterminer la combinaison la plus avantageuse de ces équations. Multiplions-les respectivement par $q'$; $q''$; $q'''$ . . . $q^{(p)}$; leur somme, après les avoir ainsi multipliées, sera

$$Q = Mu + Nz - L \ldots (1)$$

en faisant

$$Q = Sq^{(p)}.\mathcal{E}^{(p)};\ M = Sq^{(p)}.\delta^{(p)};\ N = Sq^{(p)}\beta^{(p)};\ L = Sq^{(p)}\gamma^{(p)}.$$

Les mêmes équations multipliées respectivement par $q_{,}$; $q_{,,}$; $q_{,,,}$; . . . $q_{(p)}$ donnent

$$Q' = M'u + N z - L' \ldots\ldots (2)$$

en faisant

$$Q' = Sq_{(p)}\mathcal{E}^{(p)};\ M' = Sq_{(p)}.\delta^{(p)};\ N' = Sq_{(p)}\beta^{(p)};\ L' = Sq_{(p)}\gamma^{(p)}.$$

En admettant la possibilité de choisir les multiplicateurs tels que l'on ait $Q = 0$, $Q' = 0$, les équations (1) et (2) donneraient exactement

$$\left.\begin{array}{l}(NM'-MN').z = LM'-L'M; \\ (NM'-MN').u = NL'-LN';\end{array}\right\}\ldots(B)$$

Mais, si les conditions $Q=0$, $Q'=0$, n'ont pas lieu, les valeurs de $z$ et de $u$ données par ces équations auront besoin chacune d'une correction, de sorte que si l'on nomme $z'$ la correction de $z$, $u'$ celle de $u$, les équations (1) et (2) donnent

$$Q=Mu'+Nz'; \quad Q'=M'.u+N'z'.$$

Maintenant, si l'on suppose les erreurs positives également probables que les erreurs négatives, il est clair que l'on aurait la probabilité relative à des valeurs quelconques de Q et de Q' en résolvant un problème analogue à celui que nous avons résolu au N.° 10. Mais l'on peut se dispenser d'entreprendre la solution de ce problème en s'aidant de la remarque faite au N.° 12, dans un cas semblable, où l'on a vu que l'inégale probabilité des erreurs ne change pas la forme de la fonction que l'on cherche. En conséquence de cela, il suffira de diviser par $(2n)^p$ la formule ($\alpha'$) posée dans le N.° 10, et l'on aura

$$\frac{1}{4\pi a\sqrt{E}} \cdot e^{-\frac{1}{4aE}\left(CQ^2 - 2BQQ'+AQ'^2\right)}$$

pour expression de la probabilité que Q et Q' sont les

valeurs des sommes $Sq^{(p)}\mathfrak{C}^{(p)}$, $Sq_{(p)}\mathfrak{C}^{(p)}$. Il n'est pas besoin d'avertir que la constante $a$ qui entre dans cette formule, doit avoir une valeur différente de celle qu'elle avait au N.° 10. Dans le problème analogue traité au N.° 12, nous avons vu que la constante $a$ était de la forme $2n$K, mais dans le cas actuel, où il s'agit de satisfaire à une double condition, la probabilité doit être infiniment plus petite, ainsi il faudra supposer $a = 4n^2K$, ce qui change la probabilité précédente en celle-ci :

$$\frac{1}{4\pi K.4n^2\sqrt{E}} \cdot e^{-\frac{1}{4EK.4n^2}\left(CQ^2 - 2BQQ' + AQ'^2\right)}$$

Nommons $c$ l'intervalle $2n$, qui comprend les valeurs positives et négatives de Q et de Q' : L'on pourra supposer $\frac{Q}{2n} = \frac{x}{c}$; $\frac{Q'}{2n} = \frac{y}{c}$; $\frac{1}{2n} = \frac{dx}{c}$; $\frac{1}{2n} = \frac{dy}{c}$,

ce qui change la formule précédente en celle-ci,

$$(3) \ldots \frac{dxdy}{4\pi Kc^2\sqrt{E}} \cdot e^{-\frac{1}{4Kc^2E}\left(Cx^2 - 2Bxy + Ay^2\right)}$$

Or nous avons

$$x = Mu' + Nz'$$

$$y = M'u' + N'z',$$

donc l'on aura, conformément à un théorème connu

du Calcul Intégral,

$$dxdy = \left( MN' - M'N \right) du'dz'.$$

Soit, pour plus de simplicité,

$$F = CM^2 - 2BMM' + AM'^2;$$

$$G = CMN - B\left( M'N + MN' \right) + AM'N';$$

$$H = CN^2 - 2BNN' + AN'^2;$$

$$I = MN' - M'N$$

la formule (3) deviendra

$$\frac{I du' dz}{4\pi K c^2 \sqrt{E}} \cdot e^{-\frac{1}{4Kc^2 E}\left( Fu'^2 + 2Gu'z' + Hz'^2 \right)}$$

Cette expression donne la probabilité que les erreurs de $u$ et de $z$ seront $u'$ et $z'$; ainsi en supposant $z'$ constant et donnant à $u'$ toutes les valeurs qu'il peut recevoir entre ses limites, l'on aura une suite de probabilités dont la somme sera évidemment égale à la probabilité qu'il y a pour que l'erreur de $z$ soit $z'$; donc l'intégrale

$$\frac{I dz'}{4\pi c^2 K \sqrt{E}} \int du' . e^{-\frac{1}{4Kc^2 E}\left( Fu'^2 + 2Gu'z' + Hz'^2 \right)}$$

sera la probabilité de l'erreur $z'$. A l'égard des limites de cette intégrale l'on pourra prendre $u' = -\infty$,

$u'=+\infty$, parce que la fonction exponentielle décroît rapidément

Il est aisé de voir que l'intégrale précédente peut être mise sous cette forme

$$\frac{\mathrm{I}dz'}{4\pi c^2\mathrm{K}\sqrt{\mathrm{E}}}\cdot e^{-\frac{(\mathrm{HG}-\mathrm{G}^2)z'^2}{4\mathrm{K}c^2\mathrm{EF}}}\int du'.e^{-\frac{\mathrm{F}}{4c^2\mathrm{KE}}\left(u'+\frac{\mathrm{G}z'}{\mathrm{F}}\right)^2}$$

et en la prenant depuis l'infini négatif jusqu'à l'infini positif, le résultat sera

$$\frac{\mathrm{I}dz'}{2c\sqrt{\pi\mathrm{KF}}}\cdot e^{-\frac{(\mathrm{FH}-\mathrm{G}^2)z'^2}{4c^2\mathrm{KEF}}}.$$

Or nous avons

$$\mathrm{HF}-\mathrm{G}^2=(\mathrm{AC}-\mathrm{B}^2)(\mathrm{MN}-\mathrm{MN}')^2,$$

mais $\mathrm{E}=\mathrm{AC}-\mathrm{B}^2$ . . . . (N.° 10), donc

$$\frac{\mathrm{HF}-\mathrm{G}^2}{\mathrm{E}}=\mathrm{I}^2.$$

Il suit de là que la probabilité de l'erreur $z'$ sera exprimée par

$$\frac{\mathrm{I}dz'}{2c\sqrt{\pi\mathrm{KF}}}\cdot e^{-\frac{\mathrm{I}^2z'^2}{4c^2\mathrm{KF}}}\ \ldots\ldots\ldots\ (\beta).$$

Il n'est pas inutile d'observer que cette fonction, ainsi que celle qui dans le N.° 14 donnait la probabilité de l'erreur $u'$ sont chacune de la forme

$$\frac{hdx}{\sqrt{\pi}} \cdot e^{-h^2 x^2}.$$

Cette fonction ne change pas en changeant le signe de $x$: Sa plus grande valeur correspond à $x=0$, et elle diminue rapidément à mesure que $x$ augmente; de plus son intégrale prise depuis l'infini négatif, jusqu'à l'infini positif, est égale à l'unité. Ces propriétés sont précisément celles que doit avoir toute fonction propre à représenter la loi des erreurs des observations.

Si l'on multiplie l'expression ($\beta$) par $z'$, l'intégrale

$$\frac{1}{2c\sqrt{\pi KF}} \int z' \, dz' . e^{-\frac{1^2 z'^2}{4c^2 KF}}$$

donnera la correction la plus probable de $z'$ . . ( 13 ).

Conformément à ce qui a été dit dans le N.° 14, l'on pourra prendre $z'=0$, $z'=\infty$ pour les limites de cette intégrale; ce qui donnera

$$\frac{c}{1}\sqrt{\frac{KF}{\pi}} \quad \ldots \; (4)$$

pour la correction de $z$ relative à un système quelconque de multiplicateurs $q', q'' \ldots q^{(p)}$; $q_{,}; q_{,,} \ldots q_{(p)}$.

Il est clair qu'il suffit de changer F en H pour avoir

la correction correspondante de $u$ laquelle sera par conséquent

$$\frac{c}{1}\sqrt{\frac{\text{KH}}{\pi}} \quad \ldots \quad (5).$$

Actuellement il est clair que le meilleur système de multiplicateurs est celui qui rendra *minimum* les fonctions (4) et (5). Or il est aisé de prouver par les règles connues du Calcul différentiel que l'on remplit cette double condition en prenant

$$q' = \mu\delta'\,;\; q'' = \mu\delta''\,;\; q''' = \mu\delta''' \;\ldots\ldots\; q^{(p)} = \mu\delta^{(p)}\,;$$

$$q_{,} = \mu\beta'\,;\; q_{,,} = \mu\beta''\,;\; q_{,,,} = \mu\beta''' \;\ldots\ldots\; q_{(p)} = \mu\beta^{(p)}.$$

Substituant ces valeurs dans les équations (D) il en résultera pour $u$ et $z$ les valeurs suivantes:

$$z = \frac{S.\gamma^{(p)}.\delta^{(p)}.S\beta^{(p)}.\delta^{(p)} - S\beta^{(p)}.\gamma^{(p)}.S\delta^{(p)2}}{(S.\delta^{(p)}\beta^{(p)})^2 - S\delta^{(p)2}.S\beta^{(p)2}}\,;$$

$$u = \frac{S\delta^{(p)}\beta^{(p)}.S\beta^{(p)}\gamma^{(p)} - S\beta^{(p)}.S\gamma^{(p)}\delta^{(p)}}{(S\delta^{(p)}\beta^{(p)})^2 - S\delta^{(p)2}.S\beta^{(p)2}}.$$

En comparant ces valeurs avec les équations (C') l'on reconnaît qu'elles coïncident avec celles que l'on trouverait pour rendre *minimum* la fonction

$$(\delta'.u + \beta'z - \gamma')^2 + (\delta''.u + \beta''z - \gamma'')^2 \ldots$$
$$+ (\delta^{(p)}.u + \beta^{(p)}z - \gamma^{(p)})^2.$$

c'est-à-dire la somme des carrés des erreurs des observations.

17. Si l'on avait à déterminer trois ou un plus grand nombre d'inconnues d'après un nombre d'équations supérieur à celui des inconnues l'on trouverait, en suivant l'analyse précédente que le principe des moindres carrés à toujours lieu. Mais il faut avouer que le calcul en serait extrêmement long, même pour le cas où il y a trois inconnues seulement.

Cependant, si l'on adopte la fonction

$$\frac{hdx}{\sqrt{\pi}} \cdot e^{-h^2 x^2}$$

pour exprimer la loi de la probabilité d'une erreur quelconque $\pm x$, il devient fort aisé de démontrer le principe des moindres carrés pour un nombre quelconque d'inconnues. En effet, nommons $x'$, $x''$, $x'''$, ... $x^{(p)}$ les erreurs d'un nombre $p$ d'observations; la probabilité que ce système d'erreurs est celui qui aura lieu, est égale, comme l'on sait, au produit des probabilités relatives à chaque erreur, c'est-à-dire à la fonction

$$\frac{h^p}{(\pi)^{\frac{p}{2}}} dx'dx''dx''' \ldots dx^{(p)} . e^{-h^2(x'^2 + x''^2 + x'''^2 \ldots + x^{(p)2})}$$

Or il est clair que le meilleur système d'erreurs que l'on peut choisir est celui qui est le plus probable.

Mais le *maximum* de la probabilité précédente correspond au *minimum* de la somme des carrés

$$x'^2 + x''^2 + x'''^2 + x^{(p)2}$$

des erreurs des observations, donc il faudra déterminer les inconnues conformément à ce principe. C'est de cette manière que le célèbre Gauss a établi le principe des moindres carrés dans son excellent ouvrage intitulé : (*Theoria motus corporum cœlestium*).

Si l'on fait attention que la fonction $\frac{hdx}{\sqrt{\pi}} e^{-h^2 x^2}$ s'est présentée dans la solution de tous les problêmes que nous avons parcourus, l'on reconnaîtra qu'il est assez naturel de supposer que la probabilité des erreurs des observations est représentée par cette fonction.

www.ingramcontent.com/pod-product-compliance
Lightning Source LLC
Chambersburg PA
CBHW070912210326
41521CB00010B/2154
* 9 7 8 2 0 1 9 2 1 2 0 6 3 *